作者 **柯琳‧朵絲**Colleen Dorsey

譯者 **茉莉茶**

Rubber Band Jewelry
All Grown Up

時尚彩虹圈

好搭又流行的獨創彩虹圈飾物

目錄

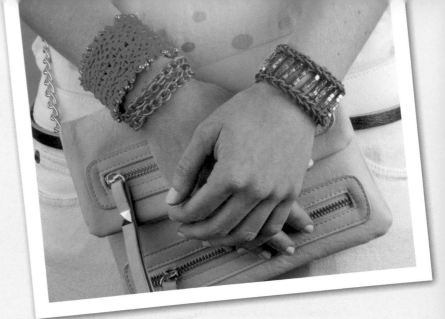

準備開始

第24頁

設計作品

14

基本單鍊愛心編

20

魚尾編

藤蔓編

第36頁

梯形編

鳥巢編

三重編

三重寬帶編

工具和技法

工具及材料

開始做彩虹圈飾品,你需要用到4種基本配備,在地手工藝品店或文具店都買得到:

★彩虹圈編織器:Rainbow Loom®、Cra-Z-Loom™、FunLoom™都可以。

★C型扣環:C型或S型最好。

★彩虹圈橡皮筋:直徑1/2英吋或3/4英吋(直徑1.5至2公分)。

★小編織棒。

如果要製作本書中難度較高的作品,你需要:

★各式各樣的珠子。

★飾品專用金具。

★尖嘴鉗、鐵絲剪、剪刀。

★線。

市面上都買得到全套的彩虹圈編織器,內附以上4種基本工具。彩虹圈橡皮筋、編織器、扣環、珠子及其他工具或材料,都可以在網路或手工藝材料行買到。不同款式的編織器都有各自的圖案,雖然本書是用Rainbow Loom®做舉例講解,但是別擔心,即使使用不同的編織器,只要確實按照圖案以及相關步驟做,一定也會做出很棒的成品!在不同款式的編織器上製作彩虹圈飾品,可能會出現有好幾排套鉤沒有套上彩虹圈的狀況,這沒有關係,可直接忽略不會有影響。

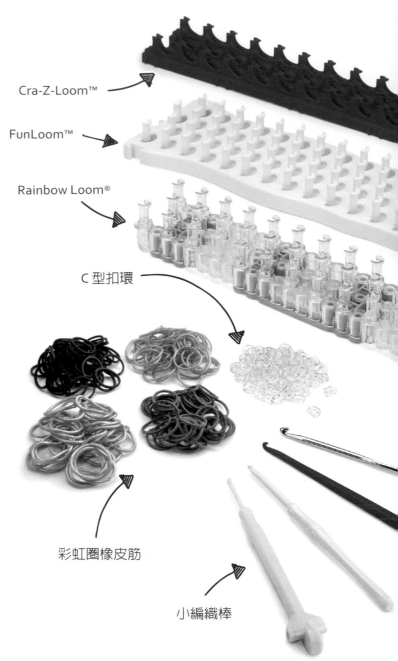

Cra-Z-Loom™

FunLoom™

Rainbow Loom®

C 型扣環

彩虹圈橡皮筋

小編織棒

使用飾品專用金具

要讓作品看起來精緻,就要用製作真正的飾品時會用到的金具,例如:扣頭(左圖左下角是稱作「問號勾」的一種扣頭)、單圈、雙圈等。不過在編織過程中,買編織器及彩虹圈時附贈的塑膠扣環也很有用,它們可以很輕易地把彩虹圈勾在一起,而且不容易鬆脫。選用扣頭時要注意它們的重量,如果扣頭比手環還重,作品會有頭重腳輕的感覺,所以有時只要用簡單的單圈就可以了。

用線來製作串珠手環

　　想在作品裡加上珠子時，縫線是最好的選擇，因為大部分珠子上的洞都很小，彩虹圈根本沒辦法穿過去。但縫線就不同了。線如果太長，就要花很多時間在穿洞引線上；線太短，又會不好拿捏、操控，所以剪一條大約23公分長的線就夠了。請依照下面的說明，學習如何把珠子穿到彩虹圈橡皮筋上。

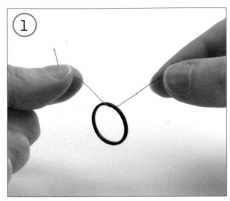

線的一頭穿過像皮筋。

把線頭兩端捏在一起，搓扭或弄濕線頭，讓2條線纏在一起。

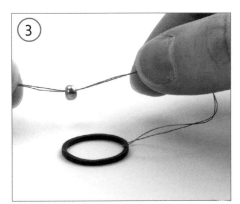

把線頭穿過珠子。

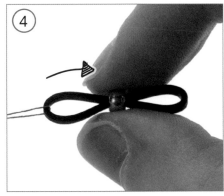

一手緊捏線頭，另一隻手拉著珠子穿過彩虹圈，讓珠子停在彩虹圈的中心點。

彎折及剪斷鐵絲

　　不管是粗的或細的首飾專用鐵絲，都可以用來固定彩虹圈。選用能夠乾淨俐落剪斷鐵絲的堅固鐵絲剪，如果要剪好幾次，或是要把鐵絲扭來扭去才能剪斷，可能會在鐵絲上留下刮痕，或是剪出很粗糙的切口。用鐵絲製作飾品時要小心，被尖端戳到指甲縫（或其他部位）可是很痛的。你可以用剉刀把尖銳或粗糙的端點磨順，或是用尖嘴鉗把尖端往內彎折，這樣就不會勾到衣服了。在彎折鐵絲時，用前端有尼龍包覆的尖嘴鉗就不會刮花鐵絲，可以使作品看起來更精緻。

使用單圈

單圈在編織彩虹圈時非常好用：可以跟珠子一樣當裝飾，也可以用來連接東西或是跟彩虹圈混著使用，用來串掛小墜飾和用在編織收尾時。如果是把單圈當作連接的金具或收尾的扣頭來用，就要同時考慮到單圈是否夠堅固，以及做好的飾品會被伸展拉扯的程度。

穿戴手環時會重複拉扯到彩虹圈，有可能最後會把某個不耐用的單圈拉開，所以最好是使用飾品專用的扣頭，或是比單圈較為堅固的雙圈。採用雙圈時，只要用鉗子把2層鐵圈分別拉開，就可以把彩虹圈套進雙圈裡。如果你真的很愛用雙圈，可以買雙圈專用的鉗子，它可以很容易就拉開雙圈，而使用單圈最好的工具，則是同時用2把鉗子。

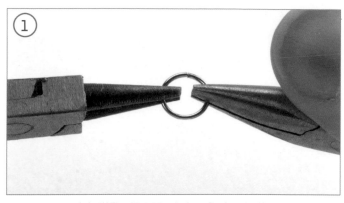

撐開單圈要用到2把鉗子。單圈開口朝上，分別用2把鉗子夾住開口左右邊。

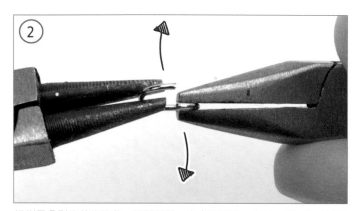

把鉗子分別往前後移動，扳開單圈。夾合單圈時，也是一樣用鉗子分別往前後移動，千萬不可只用一把鉗子就想把單圈夾捏合起。

打開單圈時，千萬不要往左右兩邊拉開，這樣會讓它變形，也會讓金屬本身變得脆弱。

打活結

打活結是很好用的技法，可以用來把數條彩虹圈固定在一起。

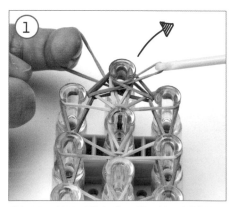

彩虹圈一端用手指勾住，另一端用編織棒勾著，穿過所有要被固定的彩虹圈。上圖是用一條彩虹圈固定在編織結束處（中間欄最上端的套鉤）上的所有彩虹圈。

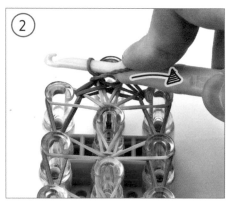

把手指上的彩虹圈套到編織棒上，而且要套在原來編織棒上的彩虹圈的後面（可用手指壓住套過來的彩虹圈）。

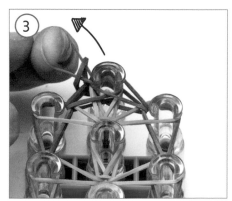

一手捉住靠近編織棒頭的彩虹圈，抽掉編織棒，拉緊手上的彩虹圈，完成活結。

把彩虹圈手環變長

如果手環作品不夠長,只要多加幾個單鍊編織,就可以增加長度。如果能事先準備好2組編織器,就可以藉由組合編織器來增加作品的長度(下圖)。請依照右邊的步驟圖,用基本的單鍊編織法增加長度。

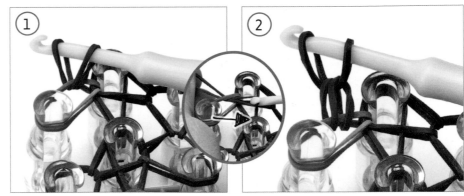

在需要加長的地方,另外用一條彩虹圈穿過已經編好的彩虹圈最外側(請見第19頁),再把新彩虹圈的兩端都套在編織棒上。

根據需要增加的長度,重複步驟1。

結合運用編織器

根據作品的長度和寬度,你可以將數個編織器的頭尾或側邊相接,組合在一起。大部分編織器都可以加長(右圖右邊),但不是所有編織器都可以加寬。以本書的寬版手鐲為例,編織器必須互相顛倒(右圖左邊),這種組合方式,Rainbow Loom® 可以做得到。請注意,如果沒有改變套鉤的上下順序,就不能直接把2個編織器併排結合,如右圖中間所示,這就行不通啦!

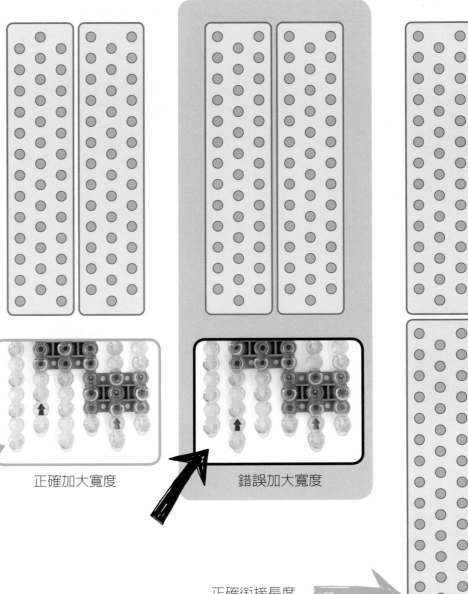

正確加大寬度

錯誤加大寬度

正確銜接長度

用編織器做單鍊手環

在製作比較有挑戰性的飾品之前，請先藉由這個基本款手環了解編織器的構造，以及學到如何編排彩虹圈橡皮筋。依照下列步驟說明時，可同時參考第13頁的圖表。

材料：
彩虹圈橡皮筋25條、扣環1個

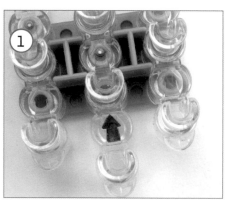

轉動編織器方向，讓紅色箭頭朝上，中間欄的第1套鉤凸出於下方（靠近你的那一端）。

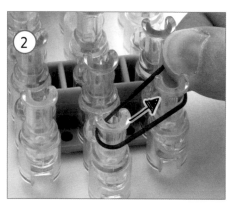

第1條彩虹圈分別套在中間欄第1套鉤以及右欄第1套鉤上。

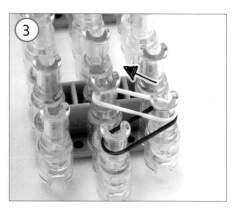

第2條彩虹圈分別套在右欄第1套鉤以及中間欄（從下面往上數）第2套鉤上。

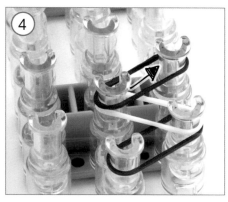

第3條彩虹圈分別套在中間欄第2套鉤以及右欄第2套鉤上。

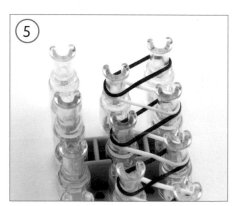

重複前面的步驟，直到編完所有套鉤或彩虹圈用完為止。記住，永遠從上一條彩虹圈結束的套鉤，開始套下一條彩虹圈。翻到第13頁，檢查是否編織得跟圖表一樣。

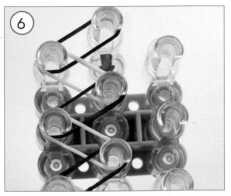

把編織器轉180度，讓紅色箭頭朝下。

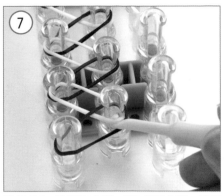

從最下方（靠近你的那一端）開始編織。用編織棒把第1條彩虹圈往下壓，然後勾住第2條彩虹圈。

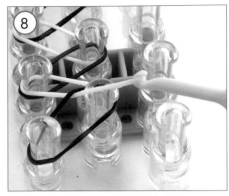

把第2條彩虹圈從中間欄的套鉤上拉起。

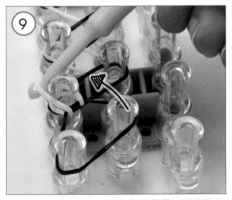

拉起後套回左上角（這條彩虹圈另一端套住的地方）的套鉤上。

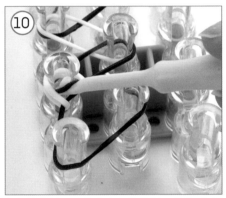

把編織棒伸入套鉤的中空溝槽裡，把第1條彩虹圈往下壓，然後勾住套鉤上的第3條彩虹圈。注意，不要勾到剛剛才套好的彩虹圈喔！

千萬不要像右圖一樣，從外側勾起彩虹圈，而是要依照步驟10的方式，把編織棒伸入套鉤的中空溝槽裡，把套鉤上的彩虹圈勾出來。

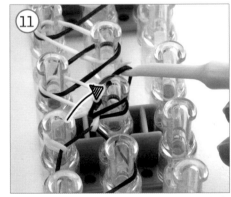

把第3條彩虹圈從套鉤上拉起，套回右上角（這條彩虹圈另一端套住的地方）的套鉤上。

⑫

重複前面的步驟，一直編
到編織器頂端。完成編織
後，你的彩虹圈應該跟左
圖一樣。照這個方法編
織，直到順手為止。

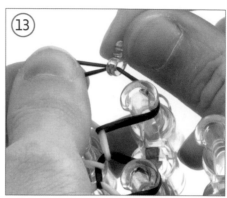

⑬

把扣環扣在最後一個套鉤（中間欄最上面）的
2條彩虹圈上。如果不好扣的話，可以先拉開
彩虹圈再套上扣環。

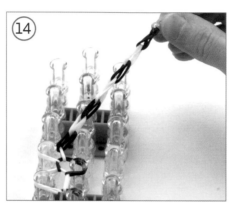

⑭

用手指穩穩地捏住扣環，把彩虹圈一個個拉離
編織器上的套鉤，必要的話也可以用點力拉
扯，不會因此就弄壞它的。

⑮

把最後一圈彩虹圈跟扣環扣在一起。你也可以
在這時候，把塑膠扣環換成飾品專用的扣頭。

✌️手藝小訣竅！

五彩繽紛

讓你親手做的第一條彩虹圈手環充滿繽紛色彩，亮眼出眾！
在彩虹圈手環出現的顏色順序，會遵照你放在編織器上的順序。所
以，如果你把不同顏色的彩虹圈排在編織器上，做出來的手環就會
有交叉變換顏色的圖案。如果你把3條同色彩虹圈排成一組，再跟
其他顏色的彩虹圈3條編成一組，做出來的手環就會有彩色條紋交
替出現的圖案！現在開始動動腦，看你想在25條彩虹圈之中用上哪
些顏色，編織成你最喜歡的圖案，做出你的第一條彩虹圈手環。

看懂圖案變化

　　恭喜你已經做好1條單鍊手環了，現在就來仔細看看單鍊手環的圖案，之後還會在書裡繼續運用到單鍊手環編織法。在「基本圖案！」中，你可以學會基本編織法所做出來的圖案，接下來，就可以運用在更複雜的圖案上。然後，再按照書中介紹的套圈步驟，一圈一圈把手環做出來，說起來就是這麼簡單好玩！

　　在「基本圖案！」中，引導你該如何按照順序，把彩虹圈一條接一條放在編織器上，只要按照圖案的編織方法，就會呈現特殊的花色；當然你也可以選擇喜歡的顏色做搭配。但是，基本順序不能改變，否則就不是原來的圖案了。

基本圖案！

仔細看看這個基本圖案喔！這可是單鍊手環專屬的基本圖案，只要按照第10頁介紹的步驟，一圈一圈把彩虹圈套在編織器上，到最後就能把基本圖案做好囉！接下來，再用這個基本圖案做出另一條不同花色的單鍊手環，看看你會不會順利成功！

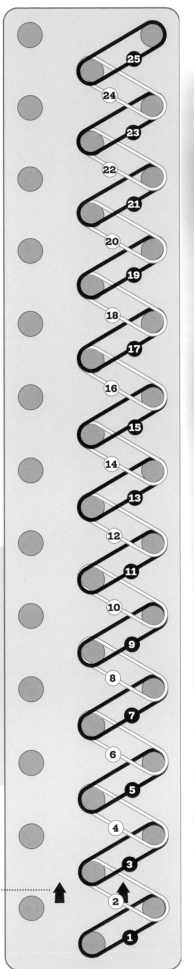

從箭頭這一側開始

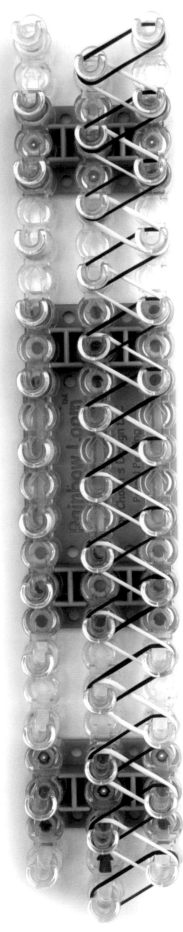

基本單鍊愛心編
Basic Link Love

>> 基本款

一旦你可以很熟練地用編織棒織出基本單鍊編後，在製作其他以這種編法開頭的手環時，都可以在3分鐘內完成，比用編織器還快得多。基本款平均會用到25條彩虹圈，只要買一包，就可以為自己和朋友做出一堆基本單鍊愛心編手環。而且，這種基本款式的手環只要並排或混合，就可以完成很棒的寬手鐲。

作法在
第 19 頁

>> 雙鍊手環

跟基本款的作法一樣,但是一次用2條彩虹圈,就會編出截然不同的手環。雙鍊手環比較粗也比較堅固,更因為用了2倍數量的彩虹圈(總共50條),可以讓你在搭配顏色時,有更多發揮的空間。

>> 金屬連結手環

這種外觀雅緻的手環編起來非常簡單,只要把其中幾個彩虹圈換成金屬的單圈,或是可以開合的首飾專用扣頭就可以了。不過要注意,用越多金具,手環的延伸性就越差,如果太過勉強拉扯手環,可能會把比較不堅固的金具拉開,反而把手環弄壞了。舉例來說,如果彩虹圈與單圈的比例是3:1時,最好用首飾專用扣頭來銜接頭尾,配戴手環時才不會撐壞它。

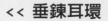

<< 垂鍊耳環

只要把基本單鍊編掛在耳鉤（或稱法式耳環鉤）上，就可以做出簡單又可愛的耳環作品。你可以做1條單鍊編、3條單鍊編、3條長短不一的單鍊編、尾端有串珠的等等，有數不清的變化。千萬要注意，把彩虹圈套到耳鉤上時，一定要把開口閉合緊密，否則彩虹圈可能會從耳鉤上脫落。如果要做不加珠子的垂墜式耳環，第1條彩虹圈應該做成包珠式，填珠式的作法請參考第33頁。

<< 連環圈耳環

跟第15頁的雙鍊手環一樣，一次用2條彩虹圈編織，然後把頭尾都套在耳鉤上。用同樣的方法再做2條，如圖彼此互套，用同樣顏色且延展性佳的塑膠線或縫線接合頭尾端。如果想讓連接處成為飾品設計上比較明顯的部分，你也可以用單圈或扣頭等金具。左圖的耳環中，一個圈用了大約20條彩虹圈。

>> 垂墜式項鍊

要製作有墜子的項鍊，第1條彩虹圈就從穿過墜子開始，然後一路往上編織垂墜的部分，在末端裝上扣環。從扣環的一邊開始編織項鍊的鍊子部分，編完後在末端接上金具，再繼續用同樣的方法編另一邊的鍊子。這個作品所有連接的部分，都看不出接合的痕跡。你可能會想先做好鍊子，再編出垂墜的部分，但是這麼一來，你就必須用單圈或用綁的，才能把墜子跟垂墜的彩虹圈連接起來。右圖的項鍊使用了70條彩虹圈來製作。

>> 串珠項鍊

把珠子加到基本單鍊編的鍊子上，是很好的裝飾方法，這種技巧也可以運用在手環上。跟第14頁基本款手環一樣，直接用編織棒編織。要加入珠子時，把1條線穿過掛在編織棒上的彩虹圈裡，再把被穿過的彩虹圈從編織棒上取下，使它固定住線。接著，用這條線把這條彩虹圈的2個圈拉穿過珠子，過程中如果需要用力拉扯一下是沒關係的。把彩虹圈的2個圈再套回編織棒上，繼續做基本編織。右圖的項鍊使用了60條彩虹圈及20顆珠子來製作。

>> 鍊子項鍊

閃亮、堅固的鍊子跟鮮艷、柔軟的彩虹圈對比非常鮮明，兩者雖然差異很大，卻是完美的互補搭配。隨便挑一條喜歡的寬金屬鍊條，再從鍊子的孔洞間穿插基本的彩虹圈。這款可以快速編成的項鍊，不管搭配什麼樣的服裝，都有吸睛的效果。右圖的作品總共使用了90條彩虹圈，以及一條長約76公分的金屬鍊條來製作。

>> 編髮項鍊

雖然看起來要花很久的時間製作，但其實只花15分鐘就完成了！要製作編髮項鍊，請先編好3條基本單鍊手環，每一條大概用90條彩虹圈製作。接著，把這3條手環的一端用彩虹圈紮綁固定，然後像編辮子一樣編這3條手環，編完後，尾端也用彩虹圈紮綁固定。你可以鬆鬆地編或是編得緊緊的，最後完成的作品會有截然不同的樣貌喔。

基本單鍊愛心編

材料：彩虹圈橡皮筋25條、扣環1個

開始製作 ————▶

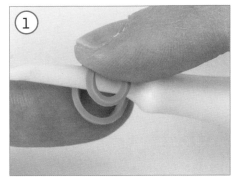

① 如圖所示，把1條彩虹圈搭在編織棒上。

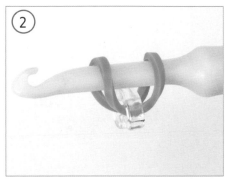

② 用扣環勾住彩虹圈的開口，使彩虹圈固定在編織棒上。

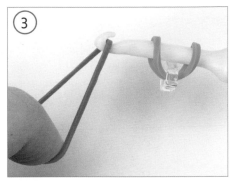

③ 用編織棒勾住第2條彩虹圈，另一隻手指勾住彩虹圈拉緊。

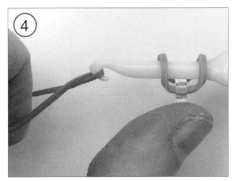

④ 如圖所示，把編織棒朝下翻轉，讓彩虹圈呈現被扭轉的狀態，步驟2的扣環也要移到編織棒下面。

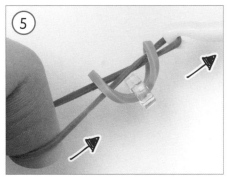

⑤ 小心地用編織棒把第2條彩虹圈從步驟2的彩虹圈中穿過。

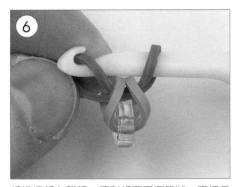

⑥ 編織棒朝上翻轉，讓彩虹圈回復原狀，再把手指上的彩虹圈套回編織棒上。

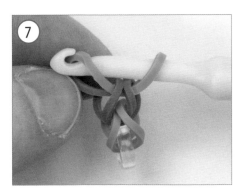

⑦ 重複步驟3～6。

⑧ 繼續編到想要的長度為止。
只要連續編25個單鍊，就做好一條手環了。

魚尾編
Fishtail

>> 基本款

基本魚尾編是一種主要的編法設計。結構堅固，而且
不用花太多時間編織，不但很容易跟其他手環搭配，
堆疊起來也很好看。因為樣式的關係，魚尾編也是最
受男性喜愛的設計之一。

作法在
第 **25** 頁

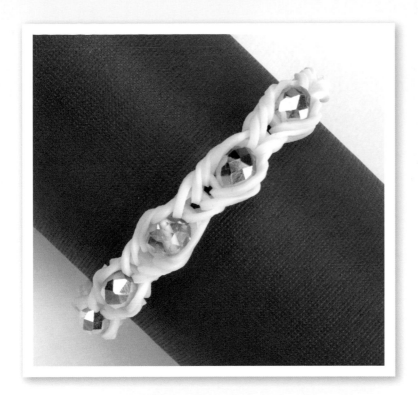

<< 串珠手環

在做魚尾編時，有規律地用串了珠子的彩虹圈來編。因為加了珠子的魚尾編設計會增加手環的長度，所以不需要用到50條彩虹圈，根據珠子的大小，大概30〜40條左右就夠了。

>> 層疊寬手鐲

想用魚尾編做出不一樣的效果，最好的方法就是把它們堆疊在一起。你可以混搭不同的顏色跟花樣，做出無數種的組合，唯一的限制來自你準備了幾條手鍊。快來試試看你能做出幾種吧！

>> 半魚尾鍊編

這種又酷又有現代感的設計，是一半魚尾一半金屬鍊的編法。根據使用的鍊子品質和粗細，甚至有可能會需要用到首飾專用的大剪鉗，不過做出來的效果絕對物超所值。只需要一條魚尾編，將兩端分別與一小段金屬鍊連接起來，就完成半魚尾鍊編了，就像右圖的作品，總共用了21條彩虹圈，以及10公分的金屬鍊。

<< 墜飾手環

如果想把小飾品或墜子做成手鍊，魚尾編是最好搭配的設計了。（如左圖）先把彩虹圈穿過墜飾一邊的孔，再套到套鉤上開始編織，完成手環一半的長度時，取下彩虹圈，用扣環收尾。重複這個作法，這次從墜飾另一邊的孔開始，編織手環的另一半。完成後，把2段彩虹圈末端的扣環互勾。視手環的大小而定，製作這款手環有可能用上15條或更多的彩虹圈。

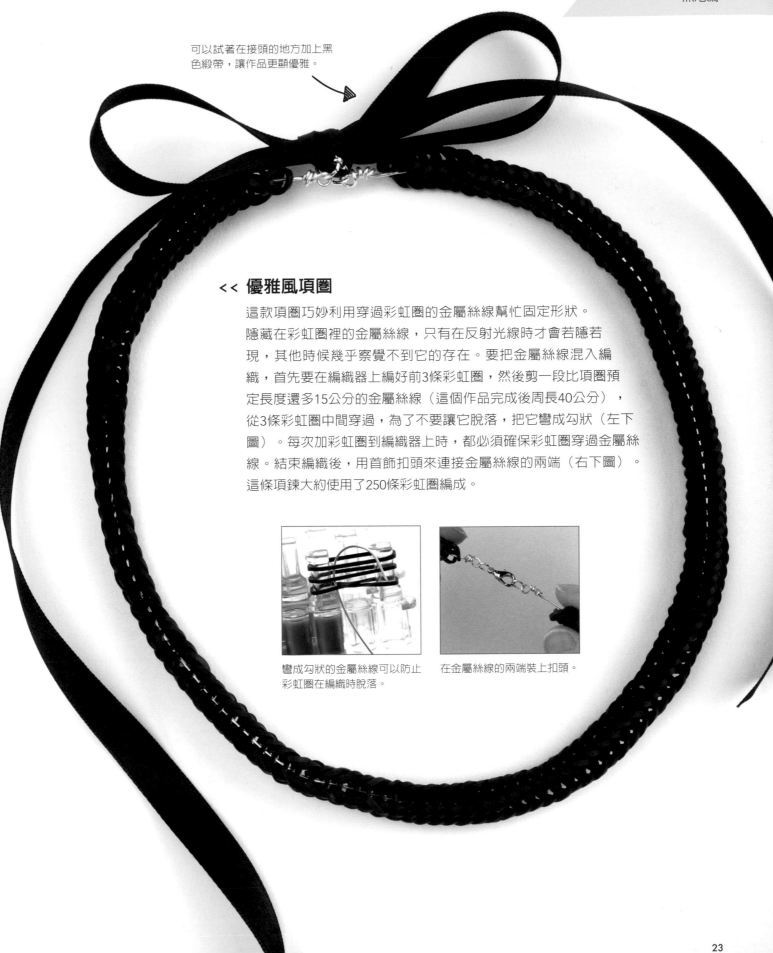

可以試著在接頭的地方加上黑
色緞帶，讓作品更顯優雅。

<< 優雅風項圈

這款項圈巧妙利用穿過彩虹圈的金屬絲線幫忙固定形狀。
隱藏在彩虹圈裡的金屬絲線，只有在反射光線時才會若隱若
現，其他時候幾乎察覺不到它的存在。要把金屬絲線混入編
織，首先要在編織器上編好前3條彩虹圈，然後剪一段比項圈預
定長度還多15公分的金屬絲線（這個作品完成後周長40公分），
從3條彩虹圈中間穿過，為了不要讓它脫落，把它彎成勾狀（左下
圖）。每次加彩虹圈到編織器上時，都必須確保彩虹圈穿過金屬絲
線。結束編織後，用首飾扣頭來連接金屬絲線的兩端（右下圖）。
這條項鍊大約使用了250條彩虹圈編成。

彎成勾狀的金屬絲線可以防止   在金屬絲線的兩端裝上扣頭。
彩虹圈在編織時脫落。

∧∧ 串珠耳環

要製作有珠子的魚尾耳環時，只要在第1條彩虹圈穿上珠子，然後正常編織即可。試著用4到12條彩虹圈來編製看看吧。

<< 螺旋項鍊

這款項鍊用到的工具比其他作品都多，但是做出來的效果非常搶眼。先做出3條2種不同長度的魚尾編（左圖中是45條及115條彩虹圈製成的），然後分別將它們捲成螺旋狀，但不要捲太緊。用超細的彈性線把尾端固定綑綁在螺旋外圍，接著剪一塊不織布，把3個螺旋黏貼在布上。普通膠水黏不住彩虹圈，所以要選適用泡棉材質的膠水。剩下的鍊條部分，只要用基本單鍊編完成即可。

魚尾編

材料：彩虹圈橡皮筋48條、額外的彩虹圈橡皮筋2條、扣環1個

開始製作 ——————→

① 先把第1條彩虹圈做成∞字型，套進2個相鄰的套鉤，記得套鉤的中空溝槽向右，這樣編織器上的箭頭也會朝右。

② 再把2條彩虹圈依序套進相鄰的套鉤，但這2條彩虹圈不需繞成∞字型喔！

③ 用編織棒勾住第1條彩虹圈∞字型左下端。

④ 自第1條彩虹圈∞字型左下端最底下勾上來，越過左側套鉤，停在2個套鉤之間。

⑤ 同樣方法把第1條彩虹圈∞字型右下端，從最底下勾上來，越過右邊的套鉤，停在2個套鉤之間。

⑥ 現在第1條彩虹圈已經牢牢套進第2、3條彩虹圈中間了。

⑦ 再套第4條彩虹圈到相鄰套鉤上，不要把這條繞成∞字型喔！

⑧ 接著，把第2條彩虹圈的左、右兩端，分別從套鉤上拉起來。

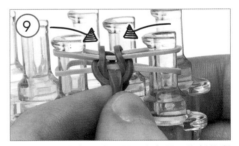

⑨ 把套鉤上的彩虹圈往下壓，套上另一條新的彩虹圈，再把最下面彩虹圈勾離套鉤。重複這個作法，直到編成想要的長度為止。編織的過程中，要不時拉扯最下面編好的部分。

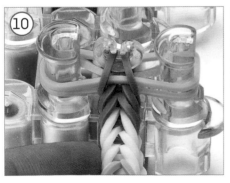

⑩ 最後2條彩虹圈（綠色）是用來收尾的，設計項鍊圖案時，不要把它們算入。如圖所示，把倒數第3條彩虹圈勾離套鉤後，兩端用扣環固定。

⑪ 把手環從編織器上取下後，把鬆脫的收尾用（綠色）彩虹圈抽出來，再裝上手環扣頭。

藤蔓編
Vine

>> 基本款

如果基本款藤蔓編的圈環是用單條彩虹圈,手鍊看起來就會獨特又有趣味性。如果換成用3條彩虹圈或是1條扭轉的彩虹圈,就會帶有經典感,甚至些許民族風,更不用說加上珠子後,又增添了它的變化性。這款手環適合各種手腕配帶,而且只要用1個編織器就能編成。臨時需要手環來搭配當天的穿著嗎?只要學會藤蔓編,三兩下就可以解決你的難題囉!

作法在
第 28 頁

>> 扭轉圈手環

把彩虹圈扭成8字形再套到編織器上，就是
這麼簡單！做出來的成品也是超酷的！

<< 多重圈手環

多多益善！編藤蔓編手環時，用3條彩虹圈來
做圈環，會讓手環變得比較寬，是基本款的變
化版。也可以試著用3種不同顏色的彩虹圈，
或者只用2條彩虹圈，也有不錯的效果喔。

>> 串珠手環

只要在藤蔓編的作品上穿入不同風格的珠
子，就能營造出或青春或成熟的效果。珠
子的種類也會稍微影響手環的樣貌：大珠
子讓手環變得比較寬；每個圈環上加幾個
小珠子，則有拉長手環的效果。

藤蔓編

材料：（藤蔓）彩虹圈橡皮筋34條、（圈環）彩虹圈橡皮筋10條、扣環1個

基本圖案！

首先編織器箭頭朝上，按照右邊的編排圖，把34條（藤蔓）彩虹圈套在編織器上。排列的方式很像Z字形，只是在Z字形的尖端處還多了直式的排列。接著，把10條（圈環）彩虹圈依照編排圖，從編織器右下角編號35的地方開始，補滿剩下的空位。

開始套圈圈吧！ ──────▶

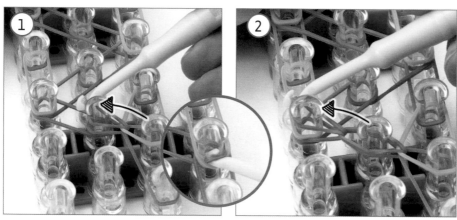

編織器上的箭頭朝下。將編織棒插入右欄倒數第2個套鉤的中空溝槽，越過上層的（綠色）彩虹圈，勾起底下的彩虹圈，將它套到中間欄倒數第2個套鉤上。

編織棒插入中間欄倒數第2個套鉤的中空溝槽，勾起最下面的彩虹圈，將它套到左上角的套鉤上。

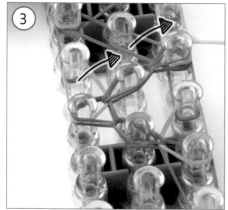

從剛剛結束的套鉤開始，往右上角重複步驟1及2的作法。

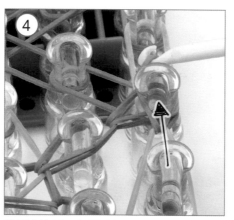

將編織棒插入右欄倒數第3個套鉤的中空溝槽，勾起底下的彩虹圈，將它套到同一排倒數第4個套鉤上。

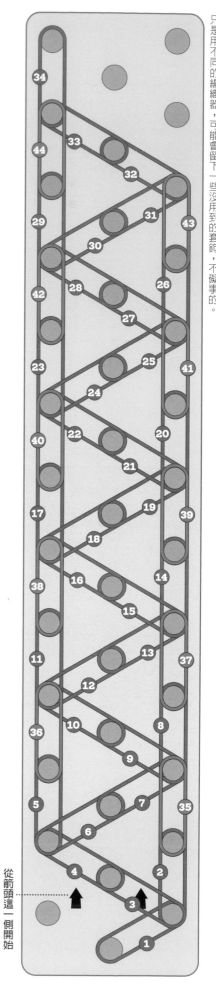

這個圖案是根據Rainbow Loom®設計的，如果你是用別家編織器也不用擔心，只要按照順序與步驟說明做好，最後做出來的圖案一樣很讚喔！只是用不同的編織器，可能會留下一些沒用到的套鉤，不礙事的。

從箭頭這一側開始

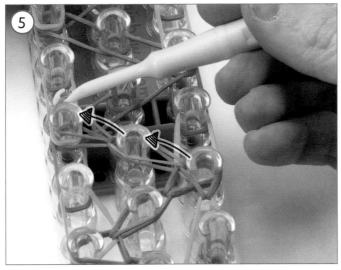

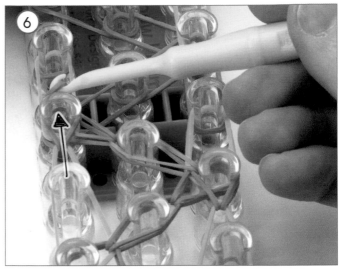

從剛剛結束的套鉤開始，繼續往左上角編：把右欄的彩虹圈勾到中間欄，再把中間欄的彩虹圈勾到左欄。就跟步驟3一樣的作法。

同步驟4的作法，將編織棒插入左欄倒數第4個套鉤的中空溝槽，勾起底下的彩虹圈，套到同一排倒數第5個套鉤上。

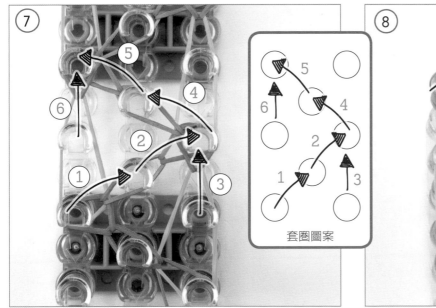

利用左頁的編排圖，重複步驟3～6模式，編完剩下的部分：從編織器的一側朝上，往另一側連續勾套2次彩虹圈(1)(2)後，把下方套鉤上的彩虹圈勾到前方套鉤上(3)。

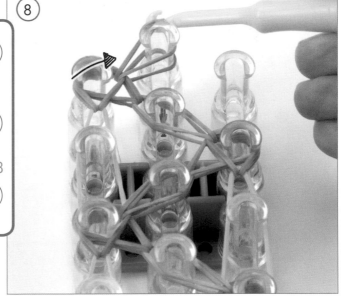

勾起左欄第1個套鉤最下面的彩虹圈，套到中間欄第1個套鉤上。編織棒穿過最後的彩虹圈，把整條手環從編織器上拉起，尾端裝上手環扣頭。

梯形編
ladder

>> **基本款**

如果用比較大的珠子，只要少少幾顆就能很快編好梯
形編；反之，若是用小珠子，就要用比較多顆，花比
較久的時間才能編成。但不管怎樣，做出來的效果都
非常亮眼。你可以試試用很多小珠子來做，或是很長
的管珠，甚至也可以混合各種不同的珠子。唯一的限
制只在於你有多少珠子而已。

作法在
第 **32** 頁

>> 混珠手環

如果只要用幾顆珠子，又想凸顯它們，可以用3條彩虹圈做出橡皮珠（作法參考第33頁），再跟穿有珠子的彩虹圈混著編織。

<< 雙重梯形

把2個編織器併排連接起來，就能製作出這款漂亮的設計。這款手環需要用5個縱排的套鉤來編織，左右最外側和中間的套鉤是編織黑色彩虹圈的部分，剩下2排套鉤則是有串珠的部分。你也可以調整編織器的位置，編出如第30頁圖中的倒V設計。

<< 交錯雙重梯形

和雙重梯形設計一樣，這也是用2個併排的編織器做出來的，只不過串珠部分刻意錯開了，彼此間隔較大。

梯形編

材料：串珠彩虹圈橡皮筋23條、彩虹圈橡皮筋48條、扣環2個

基本圖案！

先編排左右兩欄套鉤的彩虹圈，然後把11條串珠彩虹圈如右圖般編排（最上面和最下面各空一列不編），做成像一節節的階梯。

開始套圈圈吧！ ———→

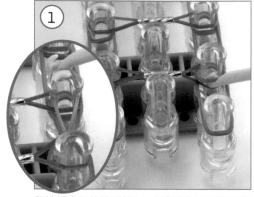

翻轉編織器使箭頭朝下。勾起右欄下面倒數第2個套鉤底層的彩虹圈，將它套在前面一個套鉤上。記得勾彩虹圈時，要把鉤針往下壓，從彩虹圈內側勾出。

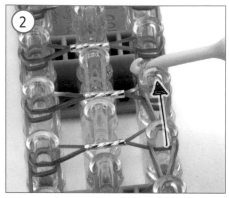

勾起步驟1結束的套鉤上的彩虹圈，將它套在前面一個套鉤。記得勾彩虹圈時，要從串珠彩虹圈內側勾出。

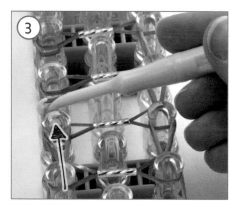

接著編織左欄，從下面倒數第2個套鉤開始，照著右欄的方法來編織。

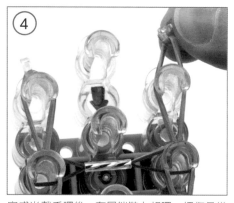

完成半截手環後，在尾端裝上扣環，把作品從編織器上取下。

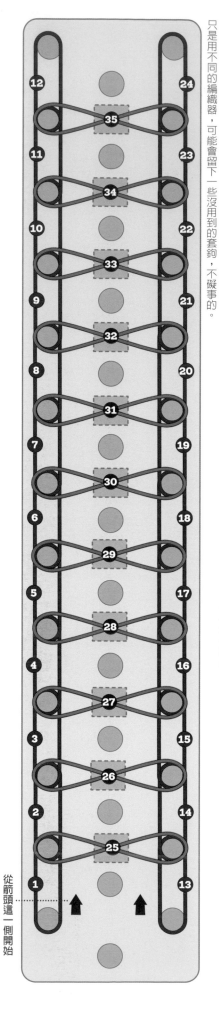

重新編排彩虹圈。再次用掉11條串珠彩虹圈，同樣空出最上面和最下面兩列不編。

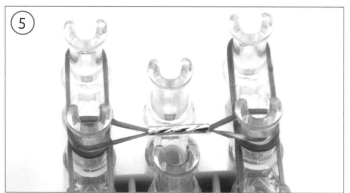

這個圖案是根據Rainbow Loom®設計的，如果你是用別家編織器也不用擔心，只要按照順序與步驟說明做好，最後做出來的圖案一樣很讚喔！只是用不同的編織器，可能會留下一些沒用到的套鉤，不礙事的。

從箭頭這一側開始

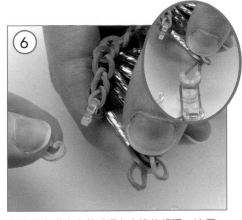

拿掉已完成的半截手環上右邊的扣環。注意，要捏好原先被扣住的彩虹圈，免得鬆脫，接著把下面那一圈套在編織器右欄最上面的套鉤上，繼續捏著剩下的那圈彩虹圈，不要鬆手。

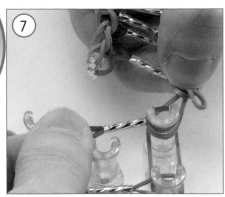

把最後一條串珠彩虹圈的一邊套在右欄最上面的套鉤。

製作填充式橡皮珠

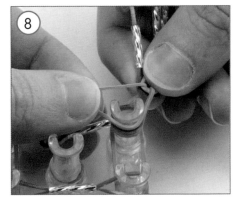

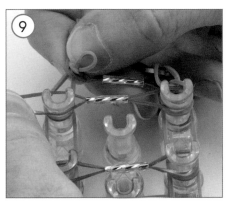

把還捏在手上的那一圈彩虹圈，套在右欄最上面的套鉤。這麼做可以讓手環上下部接合的地方緊密連接，不會出現縫隙。

照著步驟6的作法，來處理手環的另一邊：拿掉扣環，套好下面的那一圈彩虹圈後，套上步驟7串珠彩虹圈的另一邊，再把剩下的那圈彩虹圈套好。

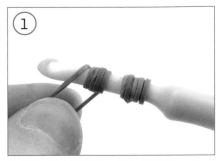

首先把2條彩虹圈各繞5圈在編織棒上，做成橡皮珠的珠子部分。

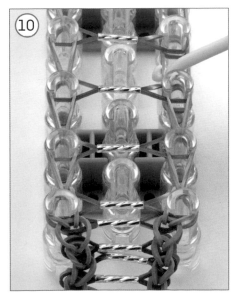

翻轉編織器使箭頭朝下。如同前半截手環的作法，只是這次是從最下面的套鉤開始編織。完成後在尾端裝上扣環，把作品從編織器上取下。用首飾專用扣頭收尾，並把尾端多出來的彩虹圈剪掉。

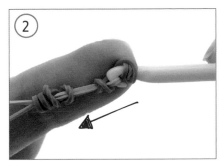

另外勾住1條彩虹圈，倒轉編織棒使彩虹圈扭成8字型。拉長彩虹圈，用手指小心地把編織棒上的彩虹圈捲到8字型彩虹圈上。

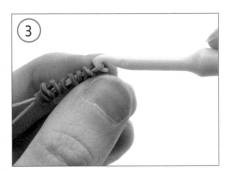

編織棒上的2條彩虹圈都這麼處理。捲彩虹圈時，最後一圈是最困難的。如果彩虹圈卡住了，可以用大拇指把它從編織棒上拉脫。

鳥巢編
Nesting

>> **基本款**

這種活潑的設計讓珠子被包裹在彩虹圈內，根據所用的珠子種類，完成的作品可以看起來很高雅，也可以很有設計感。用色調一致的小珠子可以創造出精緻感，或每個「巢」都用不同顏色的鮮明珠子，會讓作品有休閒的氣氛。

作法在
第 **38** 頁

<< 簡約設計手環

也可以不用珠子，製作出有結繩樣式的手環。左
圖是2條不穿珠子的手環，兩者的差別在於，本
來應該串有珠子的（橘色）彩虹圈數量：左邊只
用1條彩虹圈，右邊用了3條彩虹圈。用越多條彩
虹圈，顏色越容易從原本應該包裹珠子的「巢」
中透出來。像右圖這樣的手環長度，大約有9個
「巢」左右。

>> 頸鍊

編出有16個珠巢（不滿3個編織
器）的鍊子，把尾端結接起來即
可。完成後戴在脖子上，看看長
度是否足夠，千萬不要做太緊。

<< 繞腕手環

編出有30個珠巢（5個編織器）的鍊子，繞在手腕上幾圈後，把尾端連接起來。如果想要連接得更牢固，可以用基本單鍊編固定它們，雖然要花一點時間，而且要小心不要漏針或鬆掉，但最後做好的效果絕對值回票價。

>> 耳環

要製作耳環，首先先在編織器上做出一節有珠槽的鍊子（包含1條串珠彩虹圈），再照著第38頁的步驟說明來製作。如同步驟6所示，穿過最上面的彩虹圈加上一個連結編後，把作品從編織器上解下。把最上面的彩虹圈勾掛在耳鉤上，用鉗子閉合開口。

∧∧ 搶眼戒指

在編織器上做出一節有珠槽的鍊子，在由彩虹圈圍成的六邊形頂部的（中間欄）套鉤上，接續套2條彩虹圈，並且用1條彩虹圈在結束的套鉤上繞2圈，接著才套上串珠彩虹圈。翻轉編織器使箭頭朝下，從最下面的套鉤底層的彩虹圈開始，一路往上編織，依照第38頁的步驟說明，編織成六角形的彩虹圈。照著步驟6，在穿過最上面的彩虹圈勾2個連結編後，把作品從編織器上取下。尾端的扣頭要選用小的才好看。

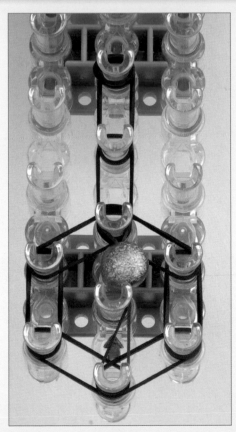

這是彩虹圈在編織器上編排好的樣子，別忘了最上面的套鉤要用彩虹圈套2圈。

鳥巢編

材料：串珠彩虹圈橡皮筋6條、彩虹圈橡皮筋36條、收尾用彩虹圈橡皮筋1條

基本圖案！

如右圖，將基底的彩虹圈編排好，一次完成一個六角形，然後再加上串珠彩虹圈，把六角形兩兩連接起來。

開始套圈圈吧！ ➡️

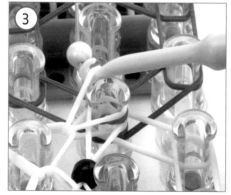

翻轉編織器使箭頭朝下，勾起中間欄最底下的套鈎上，從下面數來第2條的彩虹圈，將它套在左上角套鈎。記得勾彩虹圈時，要把編織棒往下壓，從串珠彩虹圈的內側勾出。

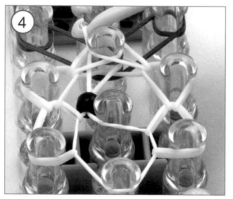

在步驟1結束的套鈎上，把底層的彩虹圈勾出，套在前方的套鈎上。

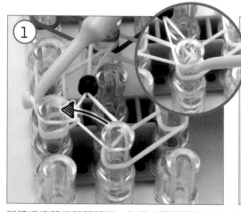

在步驟2結束的套鈎上，把底層的彩虹圈勾出，套在右上角的套鈎上。這樣就完成六角形左邊部分了。

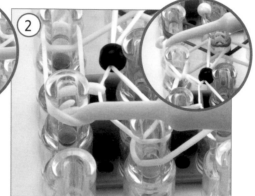

重複前面的步驟，編織六角形的右邊部分，就從中間欄倒數第1條彩虹圈開始。記得勾彩虹圈時，要把編織棒往下壓，從串珠彩虹圈的內側勾出。

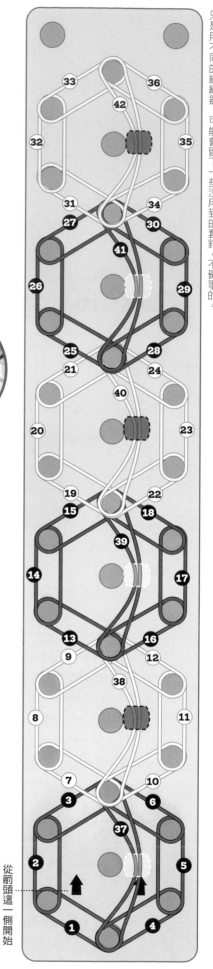

這個圖案是根據Rainbow Loom®設計的，如果你是用別家編織器也不用擔心，只要按照順序與步驟說明做好，最後做出來的圖案一樣很讚喔！只是用不同的編織器，可能會留下一些沒用到的套鈎，不礙事的。

從箭頭這一側開始

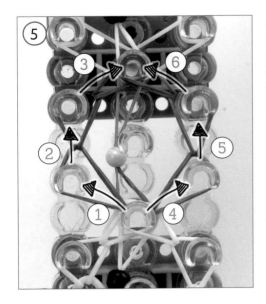

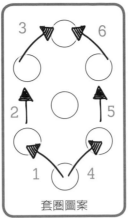

重複相同的編排模式,製作手環上5個有串珠的部分。記住,勾彩虹圈時,一定要確實把編織棒壓入套鉤裡。同時要記得,編織每個六角形時,首先要勾起的彩虹圈是從下面數上來的第2條,千萬不要勾錯了。

套圈圖案

全部編完後,把編織棒壓入中間欄最上面的套鉤裡,把1條收尾用的彩虹圈勾穿過套鉤上所有的彩虹圈。

把作品從編織器上取下,根據需要的長度,增加基本單鍊編的數量,再把手環兩端裝上扣頭就完成了。

增加長度

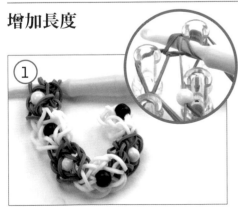

如果想做一條更長的手環或項鍊,先依照前面的步驟1～5來製作,接著勾住中間欄最上面套鉤上的所有彩虹圈,把整個作品從編織器上取下,連同編織棒暫時放置一旁。注意不要讓彩虹圈從編織棒上脫落。

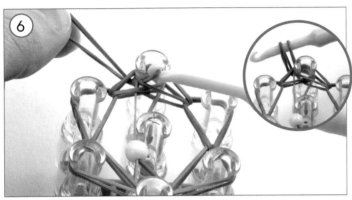

翻轉編織器使箭頭朝下,先前完成的部分現在變成在下方,也就是靠近你身體的那一側,然後開始編織新的一段鳥巢編。你可以就這樣一直連接下去,直到編到滿意的長度為止。

三重編
Triple

>> 基本款

三重編作為彩虹圈編織中最受歡迎的設計之一，不是沒有道裡的。這種編法的收尾處很平整，有很多種混色的變化，編織起來又很簡單。如果想要編一條手環送給朋友，選擇三重編絕對錯不了。

作法在
第 **43** 頁

^^ 墜飾手鐲

三重編很適合當作錶帶，或是做成有墜飾的手鐲。雖然後者需要一點技巧，不過也只是把彩虹圈編排好後，翻轉編織器使箭頭朝向自己，由下往上穿過選用的墜飾編織而成。

視墜飾的大小而定，你可能只需要編大約9列就夠了，墜飾兩邊若編到12列的話，手鐲會太寬鬆。編排彩虹圈時，最後一排最好是落在編織器的最上面一排，這樣會比較容易裝上墜飾。

在編穿過墜飾的第1排彩虹圈時，一次只能編一條，而且還需要把先前編的部分從編織器上取下，以方便移動、調整墜飾和彩虹圈，因為你選用的墜飾可能跟手鐲的寬度不同。總之，自己動手試試看就知道了。

∧∧ 垂墜項鍊

依照第44頁的不同收尾方式，做出連續的長三重編設計。這款對稱設計項鍊的連接處在頸後，仿照第41頁墜飾手鐲的方法，從靠近墜子的彩虹圈開始編織。至於左右兩條項鍊，每一條都需要4個編織器的長度才足夠。

>> 皮帶

依照第44頁的不同收尾方式，做出連續的長三重編設計。褲子繫的腰帶需要10個編織器的長度才足夠，若是搭配其他服飾就不用這麼長。最後收尾時，可以加上皮帶頭或其他配件來修飾，也可以直接把兩端連接起來，因為若是穿著褲子，連接的地方會被皮帶環遮住。

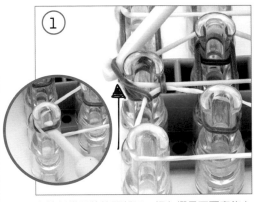

只是用不同的編織器，可能會留下一些沒用到的套鉤，不礙事的。

這個圖案是根據Rainbow Loom®設計的，如果你是用別家編織器也不用擔心，只要按照順序與步驟說明做好，最後做出來的圖案一樣很讚喔！

從箭頭這一側開始

三重編

材料：主色彩虹圈橡皮筋36條、底色彩虹圈橡皮筋12條、收尾彩虹圈橡皮筋1條

基本圖案！

一次編排一欄，把主色彩虹圈套在左、中、右欄的套鉤上，然後如圖所示，把底色彩虹圈套在3個一組的套鉤上，形成三角形。務必記得，編織器最下方的3個套鉤空著不編。

開始套圈圈吧！ ──────→

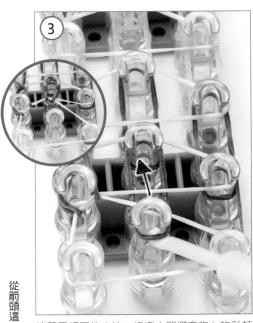

① 翻轉編織器使箭頭朝下。把左欄最下面套鉤上的彩虹圈套到前面的套鉤上。記得要把編織棒往下壓入套鉤的中空溝槽裡，從底色彩虹圈的內側勾出（小圖示）。

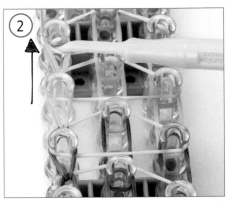

② 依照步驟1的方法，編織左欄套鉤上的彩虹圈。同時記得，把編織棒往下壓入套鉤的中空溝槽裡，從底色彩虹圈的內側勾出。

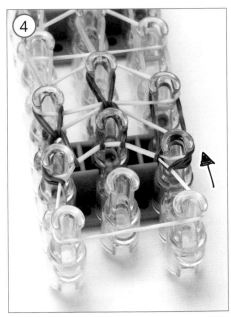

③ 接著用相同的方法，編織中間欄套鉤上的彩虹圈。

④ 用相同方法編織右欄套鉤上的彩虹圈。記得要把編織棒往下壓入套鉤的中空溝槽裡，從底色彩虹圈的內側勾出。

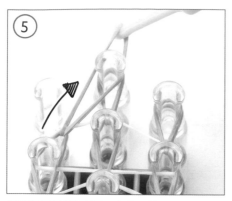

編到編織器最頂端時,把左欄第1個套鉤上的2股彩虹圈,全部套到中間欄的套鉤上。

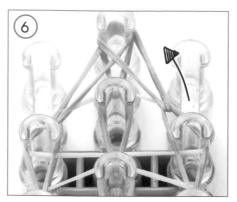

把右欄第1個套鉤上的2股彩虹圈,全部套到中間欄的套鉤上。

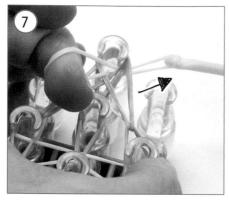

穿過中間欄套鉤上的所有彩虹圈,用收尾的彩虹圈打個活結。

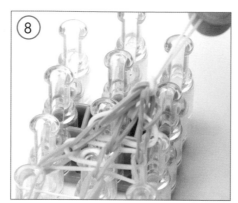

把作品從編織器上取下,手環兩端裝上扣頭就完成了。

其他收尾方式

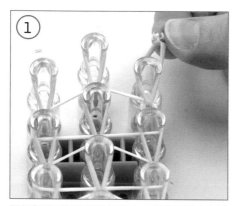

如果想讓手環平順地環繞在手腕上,編完步驟4後,分別在3組彩虹圈上套上3個扣環,再把作品從編織器上取下。

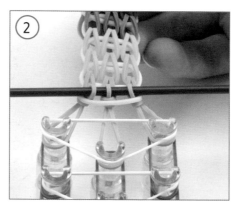

再一次編排好編織器,參考第48頁的作法,把裝了扣環的彩虹圈套回編織器上。

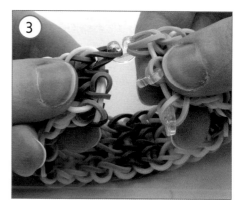

依照前面的方式編織,在編織器最上排的3組彩虹圈裝上扣環後,把手環從編織器上取下,用扣環把兩端固定起來。

三重寬帶編

Triple Cuff

>> 基本款

基本三重寬帶編其實就是三重編的雙倍，除
了看起來很有分量之外，其寬幅及簡單的造
型設計，也讓它成為無往不利的百搭配件。

作法在
第 **47** 頁

<< 串珠三重寬帶手鐲

串珠三重寬帶手鐲的作法跟一般寬帶手鐲一樣,只是在最外側那欄的套鉤上套的是串珠彩虹圈。準備22條串珠彩虹圈,一個套鉤套一條,把彩虹圈繞2圈,並且讓珠子朝向外側。第1個編織器用22條串珠彩虹圈,但第1及最後1個套鉤空著不套。第2個編織器用24條串珠彩虹圈,最後1個套鉤空著不套,編到步驟7和8中間時,把最上面一列的串珠彩虹圈合併起來。

如圖所示,將串珠彩虹圈套在套鉤上。

>> 配色示範

手鐲的配色有很多種組合,「V」型的設計一直都很流行,也很容易製作。你可以做成條紋、色塊、彩虹或是單一純色的,或是利用底色彩虹圈的顏色來襯托作品的顏色和色調。不如邊做邊實驗不同的效果吧!

三重寬帶編

材料：主色彩虹圈橡皮筋144條、底色彩虹圈橡皮筋96條、扣環6個

基本圖案！

依照左邊的圖表併排2個編織器，使套鉤彼此錯開。首先，把彩虹圈（1～72）如圖編排在6欄套鉤上。然後以3個套鉤為一組，逐一套上彩虹圈（73～120），從編織器右下角的73號倒三角開始，往左依序是正三角（74）、倒三角（75）、正三角（76），以此類推。

第1～72條
主色彩虹圈

第73～120條
底色彩虹圈
見下面：重疊的三角形

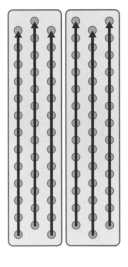
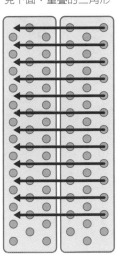

重疊的三角形

這個圖案是根據Rainbow Loom®設計的，如果你是用別家編織器也不用擔心，只要按照順序與步驟說明做好，最後做出來的圖案一樣很讚喔！只是用不同的編織器，可能會留下一些沒用到的套鉤，不礙事的。

從箭頭這一側開始

開始套圈圈吧！ ————→

①
翻轉編織器使箭頭朝下。同第43頁的三重編法，勾起右欄最下面套鉤上底層的彩虹圈，套到前面的套鉤上。記得要把編織棒往下壓入套鉤的中空溝槽裡（三角形彩虹圈內）。

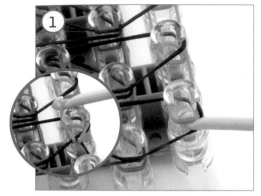

②
右欄全部的套鉤都用相同的方法編織，最後一個套鉤上的彩虹圈要裝上扣環。

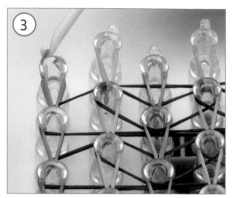

③
剩下5欄的套鉤也用同樣的方法編織，每一欄最後一個套鉤上的彩虹圈要裝上扣環。全部做完後，將作品從編織器上仔細地取下。

④
重新編排彩虹圈，但是留下4條底色彩虹圈不排。

⑤
在已經完成的步驟3手環上，如圖所示，用2根吸管分別穿過扣環上下的彩虹圈後，把扣環拿掉。

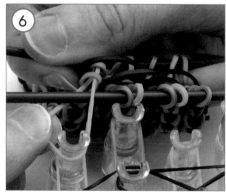

⑥
把下面那根吸管上的彩虹圈，一個個套回編織器最上面一排的套鉤後，拿掉吸管。

⑦
把步驟4預留的4條底色彩虹圈套回去。

⑧
把剩下那根吸管上的彩虹圈，一個個套回編織器最上面一排的套鉤後，拿掉吸管。

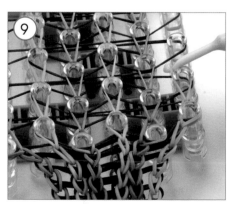

⑨
翻轉編織器使箭頭朝下，重複前面的編織步驟，完成後尾端裝上扣環，從編織器上取下手環。裝上扣頭或其他金具，作品就完成了。

10483　台北市中山區民生東路二段141號9樓

城邦文化事業（股）有限公司
商周出版 收

認清這4本書封喔！

只須剪下「彩虹圈編織」系列之
任2本書封截角寄回即可參加抽獎！

請對折至虛線處並黏貼

時尚彩虹圈
好搭又流行的獨創彩虹圈飾物

「彩虹圈編織系列」填問券抽大獎！

40名

幸運讀者，將有機會獲得價值1,299元，
Cra-Z-Loom原廠正版彩虹圈編織組一組！

50名

加貼本書【串珠項鍊材料包】截角（位於封面後折口），前50名寄回者，即送「串珠項鍊」材料包一組，送完為止！

活動辦法：

1. 填妥回函，並剪下「彩虹圈編織系列」任兩本截角（位於封面後折口）貼上寄回，即可參加抽獎。
2. 即日起至2015年1月25日止（以郵戳為憑）。
3. 得獎名單將於2015年1月30日公布於城邦讀書花園www.cite.tw，並以E-mail及電話通知。贈品將於2015年2月5日起陸續寄出（編織組及材料包同）。

請沿此線剪下，往上折至虛線處黏貼寄回

截角黏貼處

截角黏貼處

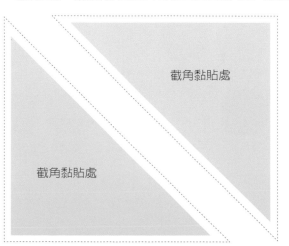

截角黏貼處

讀者回函卡

姓名：＿＿＿＿＿＿＿＿　性別：□男 □女

生日：西元　　　年　　　月　　　日

聯絡地址：＿＿＿＿＿＿＿＿＿＿＿＿

聯絡電話：＿＿＿＿＿＿＿＿＿＿＿＿

E-mail：＿＿＿＿＿＿＿＿＿＿＿＿

學歷：□1.小學 □2.國中 □3.高中 □4.大專 □5.研究所以上

職業：□1.學生 □2.軍公教 □3.服務 □4.家管
□5.其他＿＿＿＿＿＿＿＿＿＿＿＿

您從何種方式得知本書消息？

□1.書店 □2.網路 □3.報紙 □4.雜誌 □5.廣播
□6.電視 □7.親友推薦 □8.其他＿＿＿＿＿

您在哪裡購買本書？

□1.金石堂 □2.金石堂網路書店 □3.誠品 □4.誠品網路書店 □5.博客來 □6.何嘉仁 □7.其他＿＿＿

您喜歡閱讀哪些類別的書籍？

□1.財經商業 □2.自然科學 □3.歷史 □4.休閒旅遊
□5.小說 □6.其他＿＿＿＿＿＿＿＿＿＿＿

您還希望我們出版哪些手作書？

對我們的建議：

黏貼處

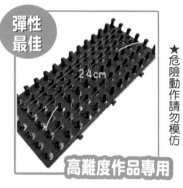